A LA MÉMOIRE

DE

MM. **SCHREIBER**, *inspecteur-général honoraire des mines* ;

MUTHUOU *et de* **GALLOIS**, *ingénieurs en chefs de* 1re *classe au même corps.*

Vous daignâtes m'encourager ; je vous comprenais ; nous nous entendions. Vos précieuses observations m'ont suggéré les idées principales sur lesquelles repose toute cette théorie ; je vous en dois l'hommage. Si j'eusse pu vous consulter, ce travail serait moins défectueux ; pourquoi ai-je à désirer qu'il soit plus digne de vous, et, surtout, à regretter de ne pouvoir vous l'offrir à vous-mêmes ?

AVERTISSEMENT.

———◆———

CETTE brochure n'est que le sommaire d'un ouvrage beaucoup plus volumineux, auquel mes fonctions m'empêchent de
mettre la dernière main. Croyant que les idées qu'elle renferme peuvent conduire à d'utiles résultats, je me détermine
à les publier, en faisant remarquer toutefois que, quel que
soit le ton affirmatif que j'aie pris, je n'ai voulu cependant
qu'exposer de simples doutes, dans le but de faciliter l'étude
de la nature, l'explication de ses phénomènes, et l'application
qu'on peut faire de cette étude à nos besoins

COUP D'ŒIL RAPIDE

SUR

UNE THÉORIE DE LA TERRE.

La nature est simple et féconde.

On parle tous les jours de fluides impondérables, de corps qui n'affectent pas la balance, qui échappent à la gravitation universelle ! Mais si tout ce qui est matière doit être soumis à l'action de cette force, tout ce qui pourrait s'y soustraire n'en serait pas ; d'où l'on devrait induire que les fluides impondérables ne sont pas de la matière. Conclusion qui ne saurait s'accorder avec les effets qu'ils produisent ; car, parmi ces fluides que l'on croit différens, l'un augmente le volume des corps, la plupart laissent des traces de leur passage, et tous agissent sur nos sens avec plus ou moins d'énergie : ils sont donc de la matière ; et matière impondérable étant un non-sens, il ne devrait pas exister alors de fluides impondérables par eux-mêmes.

La balance constate bien qu'il y a dans un des bassins autant de matière parfaitement *tranquille* que dans l'autre ; mais il faut que la matière soit *en repos* dans les deux bassins : cet instrument ne détermine au plus que la tendance au mouvement vertical de haut en bas, cette première action de la pesanteur appelée *poids*. Mais si quelques-unes des parties du corps obéissent en lui-même déjà à cette action, la balance n'a plus rien à constater à leur égard, et ces parties mobiles, qui ne l'affectent plus, doivent paraître impondérables : ce qu'une expérience de Mariotte prouve.

D'ailleurs, l'instantanéité n'est pas une loi de la nature, puisqu'il faut toujours un temps, si court qu'il soit, pour transmettre une action appréciable. Si un fluide se meut d'une manière quelconque, même horizontalement, dans un corps, et qu'il faille plus de temps pour transmettre l'action de ses molécules mobiles au fléau de la balance que pour traverser le corps ; pendant cette traversée l'action de chaque molécule paraîtra nulle, et le fluide sera dit impondérable. L'impondérabilité n'est donc pas inhérente à la nature des corps, mais uniquement à leur mobilité ; et placé dans de certaines circonstances, le corps le plus lourd pourra fort bien paraître impondérable.

Voilà pourquoi, toutes choses égales d'ailleurs, les voitures dont la charge est soutenue par des ressorts dégradent moins les routes que les autres, et pourquoi aussi ces dernières les dégradent d'autant moins qu'elles ont plus de vitesse.

Si l'impondérabilité n'est qu'une illusion, cependant on ne peut douter de l'existence de fluides subtiles, animés d'une extrême mobilité en tous sens.

Cette mobilité pourrait être une propriété de la matière, puisqu'il n'y en a pas une seule molécule qui soit en parfait repos : mais la vitesse variant de l'infiniment petit à l'infiniment grand, il faudrait imaginer pour chacune une cause destinée à produire ces divers degrés, et cette cause, en état de sortir la matière du repos, ferait par cela même double emploi ; puisque ce premier mouvement imperceptible pourrait être également attribué ou à la matière même, ou à la cause ci-dessus. Cette dernière hypothèse étant plus naturelle que l'autre, puisqu'elle est plus simple, nous l'admettrons ; et le mouvement des fluides sera dû à l'action d'une cause extérieure agissant sur eux.

Les fluides peuvent être attirés ou projetés ; la cause de leur mouvement sera donc attractive ou projective. Si l'attraction réside dans les corps, et que son énergie dépende de leur nature, les fluides doivent prendre alors des vitesses et des directions diverses, et tout s'explique aisément ; tandis que s'ils n'étaient que lancés, il faudrait pour chaque direction une cause variable d'énergie, système inadmissible par sa complication. Le mouvement des fluides n'est donc produit le plus souvent que par attraction.

Pour se mouvoir également bien dans tous les sens, et n'opposer au mouvement que le moins de résistance possible, leur molécule sera sphérique et parfaitement polie ; elle doit être aussi parfaitement dure, puisqu'elle est appelée à former des corps tels. Recevant l'impulsion, ne la donnant jamais par elle-même, elle constituera la matière véritablement inerte.

Mais si l'inertie est une propriété des fluides, elle n'en peut être une des corps supposés doués d'attraction, propriété essentiellement active ; une matière inerte, *passive* et *attractive*, serait un non-sens. Or, l'attraction suppose l'organisation, le mouvement tonique, la vie : sans organes, le corps ne pourrait attirer, et avec eux, mais sans mouvement tonique, sans vie, il n'y aurait pas d'attraction possible ; donc les corps sont organisés et vivans.

Le mouvement tonique détruirait bientôt les organes, s'ils ne se renouvelaient pas ; les corps se nourrissent donc. Les parties usées en eux doivent être rejetées ; ainsi, lors même qu'ils n'absorberaient que ce qu'ils peuvent assimiler, ils n'en seraient pas moins sujets à des déjections plus ou moins régulières, comme on le voit dans les deux règnes animal et végétal. Mais les individus de ces règnes n'absorbent pas seulement les substances qui leur sont nécessaires, ils en prennent aussi de nuisibles à leur organisation, qui, si elles ne détruisent pas toujours promptement celle-ci, obstruent le tissu organique, lui enlèvent sa souplesse, le paralysent, s'opposent à son mouvement tonique, et finissent, enfin, par causer la mort. Aussi la reproduction et, par suite, les sexes sont-ils nécessaires dans ces deux règnes.

Ne pouvant anéantir une seule molécule minérale, il est sans inconvénient, du moins pour nous, de la supposer indestructible. Si ces molécules absorbent toutes le fluide qui cause la chaleur, en sont insatiables, qu'on ne puisse les en priver, c'est qu'elles sont organisées, vivantes, et que ce fluide paraît être un de leurs alimens. Si leur organisation très-déliée ne leur permet d'absorber que ces fluides exclusivement propres à leur nutrition, elles ne peuvent mourir alors, et la reproduction ainsi que les deux sexes ne sont plus nécessaires en elles. Si cette molécule ne pèse pas plus à l'état de gaz qu'aux états liquide et solide, c'est que les fluides qui l'excitent, le gonflent par leur présence, sont en elle sans cesse en mouvement, et que leur vitesse est extrême. Si sa capacité pour ces fluides croît avec leur affluence, c'est que ne pouvant absorber aucune substance nuisible à ses fonctions, jamais ses déjections ne sont pénibles, et qu'alors plus elle absorbe, plus elle a d'énergie, mais aussi plus ses déjections abondent ; et voilà pourquoi son poids n'augmente pas, malgré cette absorption souvent extraordinaire.

Sans chercher à découvrir son organisation, qui suppose une extension et une élasticité prodigieuse, puisque les dimensions de cette molécule peuvent être plus de 22 fois ce qu'elles sont à l'état habituel, on ne devrait pas s'étonner qu'elle eût, comme les animaux et les végétaux, des vaisseaux absorbans et exsudans, par où sa nutrition, ses déjections et ses adhérences s'opérassent ; que sa matière nutritive lui vînt du soleil, qui la projetterait en tous sens, et que ses déjections y retournassent attirées par cet astre, qui les élaborerait de nouveau et les remettrait en circulation à l'état de matière inerte, fluide alimentaire des molécules.

Tout serait donc animé, et la nature serait ramenée à l'unité de formation, puisqu'aux deux organisations végétales et animales se joindrait l'organisation moléculaire, dont les individus formeraient la nourriture des végétaux et des animaux, tandis qu'eux-mêmes tireraient leur substance alimentaire du soleil. Les déjections végétales et animales, ainsi que les cadavres appartenant à ces règnes, décomposés sur la planète même, y seraient ramenés, d'une part, à l'état de molécules organisées, qui rentreraient dans des combinaisons nouvelles, et, de l'autre, à celui de principes organiques usés, qui, avec les déjections moléculaires, retourneraient au soleil, pour être transformés, soit en fluide lumineux, substance alimentaire de la molécule organisée, soit en fluide prolifique, formé des germes sexuels des deux règnes végétal et animal.

Si les individus de ces deux règnes sont composés des mêmes élémens, qu'ils assimilent les mêmes gaz, et ne diffèrent que par leur organisation, il en doit être de même des molécules minérales. N'altérant point le fluide lumineux dont elles se nourrissent, en étant insatiables, elles se l'arrachent, s'attirent l'une l'autre par cette raison, et l'attraction moléculaire résulte ainsi de l'attraction des molécules pour le fluide lumineux. Ne différant entr'elles que par l'organisation, celle-ci pourra déterminer *l'attraction élective* et différens degrés d'affinité. L'instinct de sa conservation, de son bonheur, étant donné à tous les êtres, portera deux molécules différentes, qui s'attirent peu, à se réunir plus fortement en la présence d'une troisième molécule à laquelle elles tiennent séparément beaucoup.

et l'on aura *l'attraction prédisposante.* Et parce que rien ne se fait instantanément, plus il y aura de temps que des molécules seront combinées, plus aussi leurs organes seront profondément entrelacés, plus la combinaison sera dense, et plus alors il sera difficile de la détruire : une combinaison récente est effectivement plus facile à défaire qu'une autre plus ancienne.

Le plus profond entrelacement des organes moléculaires donnerait l'état solide le plus tenace, en soustrayant du fluide lumineux jusqu'à un certain point ; car s'il n'en restait pas aux molécules assez pour développer toute l'énergie attractive dont elles sont susceptibles, leur manque de force rendrait le corps fragile, et c'est ce qu'on remarque dans les grands froids. Si l'abondance du fluide lumineux est telle que, par le gonflement des molécules, leurs organes raccourcis ne puissent plus que se toucher, la cohésion sera bien moindre, et ces molécules plus arrondies, pouvant rouler assez librement l'une sur l'autre, constitueront l'état liquide. Enfin, si le fluide lumineux est en si grande abondance que les organes saillans ayent disparu, que les molécules tout-à-fait gonflées soient sphériques, elles seront sans cohésion, pourront se mouvoir également bien dans tous les sens, et formeront ce qu'on appelle des gaz. Les trois états solide, liquide, gazeux, peuvent donc résulter de la saturation croissante des molécules par le fluide lumineux.

Les organes de la molécule minérale ne peuvent absorber le fluide lumineux sans se dilater, ni opérer des déjections sans se contracter : ces inspirations et expirations alternatives produisent dans l'organisation végétale ou animale, où elle est engagée, des mouvemens dont la sensation est appelée *chaleur.* S'il peut se combiner dans un corps plus de lumière qu'à son état habituel, il y a chaleur produite, et toutes ses parties se dilatent ; le con-

traire a lieu, il se refroidit, si le fluide lumineux qui se
meut dans les organes de ses molécules, et qui les tend,
s'écoule, attiré par d'autres molécules voisines libres ou
engagées dans une organisation quelconque. Si la lumière
traversait si rapidement un corps qu'elle ne pût se combiner à ses molécules, les nourrir, il n'y aurait pas de chaleur produite. Les rayons solaires ne sont effectivement
pas chauds par eux-mêmes : l'étincelle électrique ne l'est
pas davantage ; plus on s'élève dans l'atmosphère, plus on
a froid ; la balle projetée par le fusil perce une feuille
de papier sans l'ébranler.

Si un corps engagé sur la plupart de ses faces n'en
présente qu'une seule à l'action de l'atmosphère, l'absorption du fluide lumineux s'effectuera perpendiculairement
à cette face. Mais s'il présente une arête, les molécules
de celle-ci, offrant plus de surface à l'absorption que
celles engagées sur les faces de cette arête, seront plus
excitées ; leur énergie se transmettra de proche en proche
à l'intérieur du corps dans le plan qui divise le coin en
deux parties égales, et ce courant sera plus fort que chacun de ceux perpendiculaires aux faces. Si le corps présentait une pointe, la molécule du sommet serait la plus
excitée de toutes, et il s'établirait, suivant l'axe de l'an-
gloïde, un courant plus fort que celui des arêtes, et à
plus forte raison que celui des faces. Si le corps était un
polyèdre isolé dans l'air, les courans de lumière auraient
lieu, de ses sommets, de ses arêtes et de ses faces au centre de figure, et leur énergie serait dans l'ordre où nous
les désignons. Mais si l'une des pointes était verticale,
l'absorption terrestre du fluide lumineux se faisant dans
cette direction, la pointe verticale serait la plus favorisée
de toutes, et le plus fort courant suivrait l'axe de cette
pointe. Le pouvoir des pointes est donc une conséquence
de l'organisation moléculaire.

L'élasticité résultant nécessairement de cette organisation vitale, il est superflu de la supposer dans la lumière,
matière inerte, et par conséquent parfaitement dure ; la
surface des corps est donc élastique : c'est pourquoi celle-
ci peut réfléchir en tous sens la lumière surabondante.
Quoique nous ayons supposé la molécule insatiable de
fluide, elle en reçoit dans le jour beaucoup plus qu'elle
n'en peut absorber ; car elle respire et expire alternative-
ment ; son absorption n'étant pas continue comme l'émission de ce fluide, tout celui qui lui arrive pendant l'ex-
piration doit être réfléchi par sa surface élastique, qui
joue alors le rôle d'un corps lumineux. Pendant la nuit,
comme il n'y a point de surabondance de fluide, le courant vertical descendant qui environne le globe, n'étant
produit que par l'absorption moléculaire, il ne peut y
avoir de fluide réfléchi, et les objets sont invisibles.

Mais la lumière en excès qui tombe sur un corps n'est
pas toute réfléchie. Une partie le traverse pour alimenter
les corps placés en arrière ; et, selon que l'arrangement
des molécules est irrégulier ou régulier, la lumière, dans
le premier cas, où le corps est dit opaque, déviée en tous
sens, se perd dans l'intérieur du corps en absorptions ou
réflexions diverses ; dans l'autre cas, qui constitue la trans-
parence, cet arrangement étant régulier, il y a toujours
une molécule qui ramène à sa direction primitive le faisceau dévié par la précédente ; ce faisceau décrit bien
dans l'intérieur du corps un trait de Jupiter, mais sa direction générale est toujours en ligne droite, et il n'a guère
perdu que de sa vitesse, si l'incidence est perpendiculaire
aux surfaces parallèles d'entrée et de sortie : autrement,
dévié par le courant absorbant normal à cette surface,
le faisceau est brisé.

La perte de vitesse ne suffit pas pour colorer un faisceau
lumineux blanc, puisque, quel que soit le nombre de ré-

flexions ou de réfractions qu'on lui fasse subir au moyen de surfaces planes et parallèles, il est toujours blanc, et n'a perdu que de son intensité. Les sept faisceaux colorés concentrés par une lentille redonnent un faisceau blanc : on ne peut dire, toutefois, que ceux qui avaient moins de vitesse en aient acquis dans ce passage ; tous ont dû en perdre, au contraire, et en conséquence se colorer davantage, ce qui n'est pas. Mais le rouge et le vert, formé de jaune et de bleu, réunis par la lentille donnent aussi un faisceau blanc, ce qui a valu à ces deux couleurs le nom de complémentaires ; il en est de même du jaune et du violet, formé de rouge et de bleu ; puis du bleu et de l'orangé, formé de rouge et de jaune. La concentration des trois seules couleurs, rouge, jaune et bleue, suffisant alors pour donner un faisceau blanc, nous n'admettrons que cette composition ternaire, et nous dirons que les autres nuances ne sont que des mélanges de ces trois couleurs : mélanges binaires, si les nuances sont vives et ternaires, mais où les trois couleurs ne sont pas en proportion pour donner le blanc, si les nuances sont ternes.

La lumière est donc composée de molécules rouges, jaunes et bleues. Si toutes celles de même couleur ont même diamètre, il est probable que celles de couleurs différentes ont des diamètres différens. Alors un courant quelconque peut en opérer la séparation par grosseur, c'est-à-dire par couleur, une espèce de vannage ; et c'est ce que fait le prisme dans lequel un courant intérieur est établi de chaque arête à sa base opposée. Le faisceau incolore tombant sur une face de cette arête, vanné, décomposé par ce courant, doit donc sortir coloré par l'autre face.

Dans un cristal à faces opposées parallèles, il y a toujours deux courans contraires perpendiculaires à ces faces et s'arrétant vers le milieu du cristal, dans un plan parallèle à celles-là. Qu'un faisceau incolore le traverse sous une incidence oblique, il sera vanné par le premier courant; mais en traversant l'autre moitié du cristal, le second courant remêlera les couleurs séparées d'abord, et le faisceau sortira, par l'autre face, incolore comme il est entré.

L'auréole lumineuse et colorée qui cerne une ombre portée, vient de ce que le courant alimentaire établi au tour d'un corps perpendiculairement à sa surface rapproche de lui les faisceaux lumineux qui l'enveloppent, les presse contre le corps, et concentre alors plus de lumière près de l'ombre que sur tout le reste de la partie éclairée. Et quoique le vannage de ces faisceaux puisse se faire par ce courant sur une assez grande largeur, vu que les couleurs se recouvrent toutes, il ne peut y avoir de frange sensiblement colorée que celle qui circonscrit l'ombre; parce que cette frange rougeâtre étant due au faisceau tangent, ses couleurs sont moins recouvertes, moins mêlées, que celles provenant des faisceaux plus éloignés.

Le faisceau lumineux introduit dans une chambre obscure à travers une fente très-étroite, vanné, décomposé par les parois de la fente, action qu'on peut augmenter en taillant ces parois en biseau, présenterait des bandes irisées, si les couleurs ne se recouvraient pas depuis le centre jusqu'aux bords, et qu'on reçût la lumière à une distance convenable de cette fente; mais les choses étant autrement, le faisceau n'est, comme ci-dessus, que légèrement rougeâtre sur les bords. Si, par une fente semblable, et tout près de celle-ci, on introduit un autre faisceau lumineux, faisant l'un par l'autre l'effet de courans obliques à leurs directions respectives, ils se vanneront encore et rendront par là plus sensible la séparation des couleurs. En effet, une nappe bleue, par exemple, du faisceau de gauche rencontrant toutes les nappes bleues de l'autre faisceau, les molécules qui se choqueront dans chacune de ces nappes marcheront ensemble en suivant le plan divisant en deux parties égales le coin qu'elles font entr'elles, si elles ont même vitesse, et l'on aura des bandes bleues assez intenses. Celles des molécules de cette nappe bleue qui n'ont rien choqué, continuant à vanner le faisceau de droite, formeront par leur choc avec les nappes orangées de ce faisceau des bandes blanches très-étroites, d'autant plus obscures, plus espacées l'une de l'autre, qu'elles sont plus éloignées de la première nappe. Par la même raison, la nappe violette du faisceau de gauche donnera de l'intensité aux nappes violettes du second, et fera passer au blanc toutes les nappes jaunes. Or, celles-ci n'étaient séparées chacune des bleues qui ont passé au blanc, que par une nappe verte, détruite elle-même par une nappe rouge du faisceau de gauche; ainsi les premières bandes blanches étroites seront triplées en largeur, et l'irisation des bandes aura lieu à gauche comme à droite, puisque tout est symétrique. Or, toutes les bandes colorées de même rang se rencontrant entre les deux faisceaux, il n'est pas étonnant que la bande du milieu, qui en résulte, soit la plus blanche de toutes; cette clarté plus vive prouve que les molécules lumineuses marchent ensemble après leur choc, c'est-à-dire, qu'elles sont parfaitement dures et non élastiques, comme on pouvait le croire.

Les nappes colorées d'un faisceau allant en divergeant à partir de la première, leur rencontre oblique avec chacune des nappes de l'autre faisceau fera que les bandes, soit colorées, soit blanches, augmenteront de largeur à partir de cette première, et diminueront d'intensité, et par ce motif, et parce que chaque rencontre antérieure raréfie de plus en plus la nappe du faisceau traversant; et elles seront aussi de plus en plus espacées, puisque l'obliquité de rencontre de cette nappe avec celles de l'autre faisceau est de plus en plus aiguë.

Si l'on place un cristal à faces parallèles sur la fente droite, par exemple, le faisceau diminuera de vitesse; la naissance des bandes colorées et blanches se fera bien aux mêmes points qu'avant; mais les molécules choquées ne suivront plus les mêmes diagonales; celles-ci s'écarteront à droite, puisque chaque composante de droite a diminué, et toutes les bandes seront portées de ce côté.

Deux lentilles très-rapprochées l'une de l'autre donnent naissance à des anneaux colorés. Comme dans le prisme, il s'établit dans chaque lentille un courant de ses bords au centre, qui vanne la lumière et la décompose. Si celle qui passe à travers une seule lentille n'offre pas d'anneaux colorés, c'est que les nappes contiguës, rouge, jaune et bleue, de chaque faisceau conique, se recouvrent l'une l'autre depuis le centre jusqu'au faisceau des bords, qui, n'étant recouvert par aucune autre couleur, laisse voir sa frange bleuâtre, dont rien n'a détruit l'effet; mais chaque nappe colorée n'en existe pas moins. En plaçant une autre lentille sur la première, il s'établit encore des bords au centre un courant dans l'air qui les sépare, afin d'alimenter les parties de ces lentilles qui se rapprochent le plus; un effet semblable est encore produit dans cette seconde lentille, en sorte que l'écartement des faisceaux colorés se trouve triplé. Ces anneaux doivent donc être sensibles. Joignez à cela que le dessous de la lentille supérieure faisant miroir, une partie de la lumière émanée d'un anneau étant réfléchie sur celle qui produirait le suivant, doit atténuer l'effet de celui-ci, en contrariant la marche de la lumière, et l'on pourra se rendre compte du phénomène sans recourir aux accès de facile transmission.

On sait que les deux surfaces parallèles d'une glace réfléchissent plusieurs images du même objet, images d'au-

tant plus apparentes et multipliées, que les angles formés
par les rayons incidens ou réfléchis avec la glace sont plus
petits. Posons cette glace non étamée sur un papier où
l'on ait tracé un point, et regardons au-dessus de ce point.
Nous n'en verrons qu'un, parce que toutes les réflexions
du rayon visuel se font dans la direction de ce même
rayon perpendiculaire aux surfaces réfléchissantes. En cet
état, imaginons dans la glace un courant de fluide lumineux
dirigé vers l'est, par exemple, parallélement à cette glace. Le
rayon visuel du point sera dévié à l'est ; la partie de ce rayon
qui se réfléchit dans l'intérieur de la glace et retombe
sur le papier, sera aussi déviée du même côté ; la seconde
image du point sera donc à l'est du point même, et bien
moins apparente que lui, puisque ce n'est que la seconde
réflexion produite par la partie du faisceau lumineux restée
dans l'intérieur de la glace et renvoyée d'une surface à
l'autre. Il pourrait y en avoir plusieurs situées du même
côté ; mais, soit qu'elles soient trop faibles pour être aper-
çues, soit que le champ de la vision ne leur permette
pas de se peindre dans l'œil, il est certain qu'on n'en a
vu encore que deux. Or il y a des substances dont les
cristaux présentent ce courant ; en y pratiquant deux surfaces parallèles à ce courant, le cristal produira le phénomène de la duplication des objets, appelé fort impro-
prement celui de la double réfraction.

Les déjections moléculaires se composent de débris organiques, usés, plus ou moins imprégnés de fluide lumineux ; comme elles sont parfaitement égales aux absorptions de fluide solaire, elles ont lieu sans perte de
poids, et la vitesse d'expulsion dépend de l'organisation
de la molécule minérale, de celle de l'individu animal ou
végétal dans laquelle elle est engagée, de l'attraction solaire et de l'émission du fluide lumineux contraire à ce
courant déjectif, qui, par cette raison, doit être plus fort

la nuit que le jour. Il ne serait donc pas surprenant que, suivant le corps dont ces déjections émanent et les circonstances dans lesquelles il se trouve, le fluide lumineux que ces déjections entraînent, ne produisît la phosphorescence, tandis que la partie organique agissant sur le nerf olfactif procurerait les sensations appelées odeurs.

On sait que la phosphorescence est d'autant plus vive, et les odeurs plus fortes, qu'il fait plus chaud; et l'on se rappelle qu'alors les molécules absorbent plus de fluide, et ont des déjections plus abondantes. On sait aussi que l'émanation des odeurs et la production de la phosphorescence n'occasionnent dans les corps aucune perte de poids, et que ces deux effets se continuent même après la mort de l'individu, soit animal, soit végétal; et l'on n'a pas oublié qu'il en est absolument de même des déjections moléculaires. On sait enfin que les odeurs sont malsaines; mais pourrait-il en être autrement du fluide déjectif, qui, pour redevenir fluide alimentaire et prolifique, est forcé de retourner au soleil? Il est donc probable que les odeurs proviennent de l'action des déjections moléculaires sur le nerf olfactif.

Si trois seules couleurs produisent toutes les nuances; que de trois saveurs principales, l'amère, l'acide, la sucrée, découlent toutes les autres, il ne serait pas impossible que toutes les odeurs ne provinssent que de trois odeurs primitives. Alors il n'y aurait que trois organisations moléculaires distinctes, ou que trois molécules réellement différentes, dont les associations diverses donneraient naissance à tous les minéraux connus : ce qui nous ramènerait à l'ancienne idée de la transmutation des métaux.

Un mouvement d'oscillation vibratoire, communiqué aux molécules des corps et transmis à l'oreille, produit les sons. Le conducteur, obligé de revenir à sa position primitive après chaque vibration pour transmettre la suivante, doit être élastique : aussi les gaz et toutes les molécules organisées, engagées dans une organisation végétale ou animale, sont-ils d'excellens conducteurs; tandis que le fluide lumineux, dépourvu de toute élasticité, ne peut transmettre des sons : le vide pneumatique, rempli cependant de ce fluide, n'en transmet réellement aucun, ce qui prouve encore que les molécules lumineuses sont dures et non élastiques.

Si, avec trois vibrations différentes, on produit le bémol, le ton et le dièse, avec des multiples de celles-là on pourrait obtenir les mêmes intervalles pour des tons plus élevés d'un certain nombre de tons entiers, et l'on devrait alors tous les tons imaginables à trois genres de vibration seulement.

Le soleil, émettant les fluides lumineux dont les molécules terrestres se nourrissent, ne doit plus exercer aucune action attractive sur ces fluides; tandis qu'attirant le tissu organique moléculaire, il agit également et sur le globe et sur un corps abandonné dans son atmosphère ; donc, en vertu de cette action, la terre et le corps marcheraient de compagnie vers le soleil, sans pouvoir s'éloigner ni se rapprocher l'un de l'autre. Mais la terre soutirant avec la même énergie les fluides lumineux, soit libres, soit engagés dans les molécules du corps, obligera, par cette action constante et continue, celui-ci à se précipiter vers la planette avec une vitesse uniformément accélérée; et l'action exercée, nécessairement proportionnelle à la quantité de fluide lumineux fixé dans le corps, c'est-à-dire, au nombre de ses molécules, sera, par suite, en raison de sa masse, ce qui expliquerait les lois de la gravitation.

Une privation partielle de fluide lumineux doit, par besoin, exciter l'appétit de la molécule organisée, comme une surabondance de ces fluides le stimule. Dans le pre-

2

mier. cas ; la molécule serait électrisée par *soustraction* ou *négativement* ; dans le second, par *addition* ou *positivement* ; et dans les deux, son énergie d'absorption nécessairement plus forte que d'habitude, c'est-à-dire, qu'à l'état ordinaire, dit *naturel* : donc, un corps électrisé, soit positivement, soit négativement, possède une énergie attractive supérieure à celle du globe, et à laquelle celle-ci doit céder. Il n'est donc pas étonnant que des corps légers à l'état naturel s'élancent vers un corps électrisé, ni que deux corps électrisés de la même manière se rapprochent, s'il y a quelque différence entre leur énergie attractive, ni, à plus forte raison, qu'un corps négatif n'attire le positif.

A l'état naturel il existe autour d'un corps isolé une atmosphère de fluide lumineux et déjectif : s'il est électrisé, ce corps absorbera davantage de fluide lumineux ; ses déjections augmenteront, et son atmosphère sera plus dense et plus épaisse : donc, deux corps suspendus à des fils très-rapprochés et électrisés de la même manière doivent s'écarter, se repousser par leurs atmosphères ; s'ils étaient électrisés différemment, le négatif soutirerait le fluide lumineux de l'autre, et les corps se rapprocheraient.

L'étincelle électrique, la bouteille de Leyde, les batteries et les effets mécaniques et chimiques qu'elles produisent, le pouvoir des pointes, dont on a déjà parlé, l'efficacité de longues perches verticales, pour empêcher la formation de la grêle, en soutirant continuellement le fluide lumineux, dit électrique, au fur et à mesure qu'il s'accumule, etc., tous ces effets seront assez faciles à expliquer.

Le frottement, en exprimant d'un corps une partie du fluide lumineux qui lui est nécessaire, le rend absorbant, et détermine vers lui un courant de ce fluide ; c'est ainsi que les machines électriques de rotation semblent agir. La pression à laquelle on soumet le verre, la courbure qu'on lui fait prendre, ce qui le comprime dans une partie et le dilate dans l'autre, peuvent déterminer en lui un courant électrique, qui, déviant les rayons réfléchis à l'intérieur, produit le phénomène dit de la double réfraction. Le simple contact momentané, en privant de l'absorption habituelle la partie touchée, peut aussi donner naissance à un courant faible et bien fugitif, il est vrai, mais réel.

Plus un corps est dilaté, plus il devrait soutirer à l'atmosphère du fluide lumineux, parce que ses molécules plus écartées l'une de l'autre présentent à ce fluide plus de pointes de succion. Ainsi, dans deux plaques inégalement denses, mises en contact, il pourrait s'établir un courant de fluide lumineux de la plaque la plus dilatée à l'autre, ce qui expliquerait assez bien l'adhérence des poussières et surtout celle de l'air à la surface des corps.

Forcer la plus grande partie possible du fluide lumineux nécessaire à l'alimentation d'un corps, à passer par une seule de ses faces, c'est stimuler l'énergie absorbante de celle-ci, de manière à lui faire produire tous les effets de la pile galvanique, effets d'autant plus grands qu'on pourrait isoler plus complétement les autres faces. Mais il n'y a pas de corps qui ne serve de filtre au fluide lumineux; toutes les molécules s'en nourrissent, pénètrent partout, ne sont retenues, arrêtées, fixées que par le seul tissu moléculaire, qui en est insatiable; aussi l'isolement complet des faces d'un corps parait-il impossible.

Sans s'étendre davantage sur les effets de la pile galvanique, on peut voir que toutes les dispositions adoptées ont pour but d'isoler ses faces, hors les deux extrêmes, celle en contact avec l'air, dite positive, et l'autre communiquant avec le globe, dite négative; et le courant s'établit de la première à la seconde de ces faces. On peut voir que la vitesse de ce courant est en raison du nombre de paires, et la masse du fluide mu proportionnelle à leur volume. On doit prévoir qu'on trouvera des dispositions non moins avantageuses, et qu'une simple barre métallique verticale, terminée en haut par une pointe, polie sur le pourtour, et enduite d'une couche bien blanche, pareillement polie, serait peut-être une machine électrique ou galvanique des plus puissantes.

La compression rend les parties sur lesquelles elle s'exerce directement plus denses que les autres : donc elles devraient être négatives ou absorbantes, relativement à celles-ci ; ce qui pourrait provenir de ce que les organes absorbans contractés par la compression perdent de leur énergie dans le sens où elle s'est opérée, tandis que, pour subvenir aux besoins de la molécule, cette énergie doit s'accroître alors dans les autres sens. Le courant magnétique s'établit effectivement suivant la longueur des barres et non en travers ; et la simple position verticale le détermine, parce que c'est la direction même du courant lumineux produit par l'absorption du globe.

S'il existait dans tous les corps des courans continuels de fluide lumineux dirigés de leur surface à l'intérieur, il y aurait aussi des courans de fluide déjectif dirigés en sens contraire ; et si les absorptions avaient plus particulièrement lieu par les arêtes et surtout par les sommets, les déjections se feraient en général, peut-être, par les faces. Activer et diriger convenablement ces courans, ce serait donc échauffer, électriser, galvaniser, magnétiser les corps. Toutes les attractions étant dues au fluide lumineux, toutes les répulsions, s'il en est de directes et qui ne proviennent pas d'une attraction pour un troisième corps, pourraient être attribuées au fluide déjectif, que les molécules doivent repousser, puisqu'elles le rejettent. Ces deux courans détermineraient ainsi, par rapport à la terre, des directions constantes, et les phénomènes du magnétisme minéral s'expliqueraient alors par eux.

On avait cru d'abord que l'électricité et le galvanisme étaient particuliers à de certains corps, et l'on voit aujourd'hui que tous jouissent, à des degrés différens, de ces propriétés remarquables; il en sera probablement de même du magnétisme minéral, et alors la lumière, le calorique, l'électricité, le galvanisme et le magnétisme minéral, au lieu d'être dus à des fluides différens, ne seraient que des effets variés du même fluide, agissant dans des circonstances différentes.

S'il faut qu'une corde soit suffisamment tendue pour rendre des sons perceptibles, il en peut être de même du sensorium et de ses organes épanouissant à la peau. La volonté dirige l'attention, destinée à tendre ces organes : regarder, écouter, flairer, toucher, est l'action de la volonté sur eux, et sentir est l'effet produit par ceux-ci sur le sensorium. La volonté est une puissance physique, résultant de l'organisation individuelle de chacun de nous; mais on ne saura probablement pas plus comment elle agit, qu'on ne sait comment s'opère dans les trois règnes ce mouvement tonique, appelé la vie.

Un homme, par sa supériorité, stimule ou paralyse à on gré ceux qui l'environnent : le regard, la voix, le geste, tout est entraînant, magnétisant en lui. On sait, d'ailleurs, qu'on est plus porté au sommeil dans l'obscurité, par un temps couvert, orageux, pluvieux, venteux, ou lorsqu'on est renfermé dans une salle remplie de monde, où la ventilation se fait mal, que par un temps sec, serein, ou à l'air libre; et la raison en est, peut-être, que les organes des sens qui se nourrissent de fluide lumineux comme les molécules que ce tissu organique renferme, étant, par la rareté de ce fluide, plus amaigris, plus grêles, plus distendus, et, par suite, moins impressionnables, l'on est plus difficile à émouvoir, et, par suite, plus porté à l'indolence, au repos, au sommeil.

Magnétiser par *soustraction* ou *négativement*, ce serait
détourner au profit d'une autre personne tout le fluide
lumineux que la première pouvait absorber, endormir
celle-ci, la ramener à l'instinct, en faire une machine obéis-
sante, lui ravir sa volonté, pour la transporter à l'autre,
qui se trouverait alors magnétisée par *addition* ou *positivement*. Le somnambule, endormi pour lui-même comme
pour tous, excepté pour la personne en qui réside sa volonté, pourrait alors répondre, à son insu, aux questions
faites par cette personne. Endormi, il n'est distrait par
rien. Si on lui ordonne de voir, la volonté attire son
attention sur l'organe de la vue que celle-ci tend et dirige vers l'objet; et, comme cet organe, privé de fluide
lumineux, en est très-avide, le soutirant avec force de l'objet
qu'on lui désigne, il s'établit de cet objet à l'œil un courant si rapide, que les rayons visuels qui pourraient être
déviés par les corps opaques qu'ils auraient à traverser,
ramenés sans cesse à leur sortie dans ce rapide courant,
lui font voir ainsi les objets les plus cachés. Par la même
raison, il entendra les sons les plus éloignés et sentira les
odeurs les plus délicates. Si le seul instinct suffit à l'animal
pour lui indiquer les plantes dont il a besoin, le danger
qu'il court, le temps qu'il va faire, pourquoi l'homme,
ramené par le magnétisme négatif à cet instinct naturel,
serait-il privé de cette faculté si nécessaire? Si le somnambule n'est plus à lui, que ses sens doivent obéir à la
personne en qui réside la volonté, c'est dans l'idiome fa-
milier à cette personne qu'il devra s'exprimer. Il pourra
donc parler une langue qui lui soit étrangère, voir le siége
d'une maladie, ordonner le traitement à suivre, en annoncer les effets et même prédire l'avenir. Ce n'est, au
reste, qu'extraire l'inconnu d'un problème : or l'inconnu
est dans le connu; il n'est pas d'effet sans cause, et, par
celle-ci, l'effet est comme s'il existait déjà; en ce sens tout

est présent dans la nature; et il n'est pas plus surprenant d'annoncer ce qui n'existe pas encore, que d'assigner le lieu et l'instant où un corps, projeté par une force bien connue, doit tomber.

Le charlatanisme, en s'emparant de la baguette divinatoire, l'a discréditée; mais cela ne conclut rien contre la réalité de ses effets, dont la molécule organisée et les deux fluides, lumineux et déjectif, pourraient rendre raison, ainsi que des sympathies, des antipathies, des pressentimens, toutes choses fort réelles, quoique inexpliquées. Abstenons-nous de prononcer : le doute est le commencement de la sagesse; observons tous ces phénomènes si extraordinaires qu'ils nous paraissent, et ne rejetons définitivement que ce que nous aurons bien prouvé être faux.

Si la matière organique émane du soleil, c'est probablement à l'état de germes sexuels, qu'on peut concevoir formés d'un tissu organique, végétal ou animal, imprégné de germes moléculaires, qui n'attendraient eux-mêmes pour se développer qu'une quantité suffisante de fluide lumineux. Et, si l'on admettait que chaque espèce de germe exigeât, pour s'animer, une température différente, on serait conduit à penser qu'il pourrait s'en animer à toutes les températures possibles.

Il n'est pas probable que ces germes, quoiqu'émanés du soleil, ainsi que le fluide lumineux, puissent se développer dans un trajet de plus de cent trente billions de mètres parcourus en huit minutes; la lumière a trop de vitesse pour agir efficacement sur eux. Mais, en traversant l'atmosphère, leur vitesse se retarde de plus en plus; ils reçoivent, d'ailleurs, en tous sens de la lumière réfléchie; la germination de la plupart d'entr'eux peut commencer alors, et, pour ceux à qui cette faible chaleur de l'air suffit, l'animation s'achève; les autres, que la température du globe détruit, seraient ramenés, d'une part, à l'état de matière déjective,

qui retournerait au soleil, et, de l'autre, à celui de molécules minérales, dont les germes se sont développés en
traversant l'atmosphère. L'on conçoit alors comment cette
destruction des germes pourrait accroître les parties ga-
zeuses, liquides et solides du système terrestre, surtout
étant aidées par la végétation et l'animalisation qui liqué-
fient et solidifient les gaz.

La terre serait pour nous un fruit solaire, qui, détaché
à sa maturité, et lancé en tournoyant dans l'espace par
la force centrifuge due au mouvement de rotation du soleil, décrirait, tant en vertu de l'attraction que cet astre
exerce sur la terre, que de sa projection tangentielle, ainsi
que de la lumière sans cesse émise et des déjections continuellement soutirées, décrirait, dis-je, une spirale, dont
les premières spires différaient, peut-être, infiniment peu
d'une circonférence de cercle.

Quelle que soit la vitesse avec laquelle la terre ait été
lancée, elle est toujours moindre que celle d'émission du
fluide lumineux; car la matière organique de ces molécules est attirée par le soleil, tandis que cet astre n'exerce
aucune action attractive sur le fluide lumineux, qu'il rejette au contraire. Ce fluide repousse donc le globe, et,
par son absorption, il détermine des déjections qui, en
vertu du mouvement rotatoire imprimé, devraient s'échap-
per par la tangente, en formant une nappe adhérente à
la terre; nappe qui, tendue constamment avec la même
énergie par le soleil, aurait pu continuer la rotation de
la planette, à la manière dont un fil tiré par un bout détermine celle du peloton sur lequel il est enroulé. Mais
sans changer la vitesse du fil, la rotation est d'autant plus
rapide que le peloton diminue davantage: aussi, dans l'origine, cette vitesse pouvait-elle être extrême; ce qui expliquerait l'incandescence du globe, puisque toutes ses parties auraient été presque continuellement exposées en même

temps à l'action des rayons solaires. Les germes affluant sans cesse auraient pu se brûler alors à cette haute température, et les molécules organisées, produit de leur combustion, passant dans le globe, en auraient successivement accru le diamètre; ce qui aurait diminué sa rotation et, par suite, refroidi sa surface.

Le frottement du fluide lumineux sur le globe contrarie la rotation de celui-ci, déjà favorisée par le courant déjectif et la partie est du courant lumineux; aussi est-il probable que la rotation eût augmenté assez rapidement, si le globe n'avait pas grossi d'une manière convenable. Cet accroissement du diamètre serait donc nécessaire pour maintenir la durée de la rotation diurne. Si la terre est attirée par le soleil, elle est repoussée par le courant émissif; et ces deux effets contraires peuvent se balancer, au point d'empêcher le rapprochement de ces corps. Si la vitesse initiale de translation était sans cesse retardée par le déplacement du fluide lumineux que la terre est obligée de fendre, elle serait accrue au contraire par le choc que ce fluide exerce à l'est de la planette, et l'on peut croire que ces effets se balancent encore, en sorte que le globe pourrait fort bien se mouvoir régulièrement dans une courbe peu différente d'une circonférence de cercle. Mais il est possible que ces effets ne se balancent pas exactement, que les deux mouvemens de la terre soient retardés, qu'elle s'éloigne sans cesse du soleil, que le temps d'une rotation diurne croisse, à moins que le rayon de la planette et sa distance au soleil n'augmentent dans le même rapport, et qu'elle décrive enfin une spirale, dont les spires grandissent de manière à donner un jour, peut-être, à notre globe l'allure d'une comète.

Si, en parcourant les spires plus amples, ces comètes se trouvaient enfin dans l'axe de rotation de quelqu'autre soleil ; que chacun de ces corps lumineux, analogue au ventilateur qui lance par le pourtour l'air aspiré par l'axe, eût à chaque pôle une bouche aspiratrice, en passant devant cette ouverture, les comètes seraient aspirées. Celles de notre système alimentant ces soleils, le nôtre se nourrirait de celles des autres systèmes ; des planettes disparaîtraient alors sans que la masse de chaque soleil en fût sensiblement altérée, et l'univers poursuivrait ainsi sa rotation indéfinie.

Plus on s'éloigne du soleil, plus le fluide lumineux est rare ; moins la molécule a d'énergie vitale, moins les ressorts et la gravitation ont de force ; et, comme tous les mécanismes qui mesurent la durée ne sont mus que par ces deux agens, il est possible que le temps d'une révolution diurne de la terre augmente sans que nous puissions le constater. Si, dans le même nombre d'années, la vie était réellement plus longue qu'autrefois, nous pourrions faire plus de choses, ajouter de plus en plus à nos facultés ; les générations iraient alors en se perfectionnant, et l'amélioration, la perfectibilité de notre espèce serait une bien douce conséquence de ce système.

Si l'attraction était suffisamment expliquée par la nutrition moléculaire, le mouvement des planettes et de leurs satellites le serait. La partie éclairée des unes étant électrisée positivement relativement à la partie non éclairée des autres, selon les parties en regard, les corps célestes s'éloigneraient ou se rapprocheraient l'un de l'autre, ce qui apporterait quelques modifications dans leur marche et expliquerait le rapprochement ou l'éloignement de ces deux corps suivant leurs phases. Quant aux influences que l'on dit qu'ils exercent l'un sur l'autre, elles deviendraient par là tout-à-fait incontestables, quoiqu'elles soient encore bien peu étudiées, peut-être, parce qu'elles sont fort difficiles à isoler des causes étrangères qui concourent avec elles.

Le courant vertical de fluide lumineux provenant de l'absorption terrestre, vanne la lumière, la décompose, concentre autour du globe les couleurs rouges et jaunes, et laisse le bleu dominer dans l'atmosphère ; aussi, dans toutes les parties où le soleil n'est pas, est-ce presque la seule couleur renvoyée. Au lever et au coucher de cet astre, les rayons solaires étant perpendiculaires au courant vertical terrestre, le vannage s'en fait plus complétement ; l'horizon est rouge, et en s'élevant graduellement jusqu'au zénith, on arrive, en passant par le jaune, au bleu céleste, qui n'est pas le bleu primitif. On voit pourquoi le ciel paraît noir sur le sommet de hautes montagnes.

Cette molécule organisée, vivante, impérissable, douée, comme tous les êtres, de l'instinct d'association, et qui semble suffire à l'explication de tant de phénomènes divers, pourrait, sans recourir à une dissolution complète, expliquer aussi la présence des cristaux dans le porphyre, la formation des granits, des amigdaloïdes, des rognons, des oolithes, des filons, des veines, des stokwerks, des amas, des couches, enfin, toutes les formations géologiques autres que celles évidemment dues à des dépôts.

Certainement des molécules dissoutes dans un liquide tranquille ont plus de chances pour se rapprocher, se grouper, former des cristaux, que de toute autre manière ; ce que prouve suffisamment la belle et prompte cristallisation des substances préalablement liquéfiées. Mais il se forme aussi des cristaux dans d'autres circonstances.

Les poudres pharmaceutiques dans lesquelles il entre du salpêtre pulvérisé, offrent au bout de quelque temps de fort beaux cristaux de nitre ; exposé à une chaleur assez modérée, le fer forgé, qu'on sait être presqu'infusible, perd son nerf, et reprend sa texture cristalline ; l'acier y perd son grain et sa dureté : à une température d'environ quarante degrés centigrades, la houille la plus grasse, la plus facile à enflammer, laisse dégager son bitume, se contracte sans changer de forme ni de couleur, prend l'aspect de l'antracite et tous les caractères de ce combustible dit des terrains intermédiaires : la pyrite, pauvre en cuivre, s'enrichit par le grillage ; le sulfure de fer, entraîné par le courant déjectif, vient s'oxider à la surface du morceau, tandis que le sulfure de cuivre, obéissant à l'autre courant, se concentre de plus en plus sans perdre son aspect ; dans la cémentation, le carbone pénètre jusqu'au centre des barres de fer, sans qu'il y ait le moindre ramollissement. La liquéfaction n'est donc pas nécessaire au mouvement des molécules dans l'intérieur des corps solides les plus denses ; une température bien au-dessous de leur fusion, pour les unes, beaucoup moins de chaleur, mais un peu d'humidité, pour les autres, produisent tous ces phénomènes que l'organisation vitale de la molécule explique. En effet, puisque cette molécule est vivante, et que du mouvement tonique de ses organes résultent dans tous les corps deux courans, l'un entrant, l'autre sortant ; qu'elle doit, à cause de sa vitalité, être douée d'attraction élective, prédisposante, d'instinct ; que l'isolement peut lui être aussi contraire qu'à tous les autres individus, il n'est pas étonnant que, pour satisfaire cet instinct d'association commun à tous, une molécule isolée s'abandonne, en nautonnier aventureux, à l'un quelconque de ces deux courans intérieurs, jusqu'à ce qu'elle ait satisfait cet instinct d'association. Et l'on voit alors comment les substances vaporisables, telles que l'eau, le soufre, l'arsenic, etc., que les anciens nommaient minéralisateurs, favorisent ces rapprochemens, ces associations, ces combinaisons diverses.

Feu M. Muthuou, ingénieur en chef de première classe au corps des mines, prétendit avoir vu dans une roche compacte, soumise à l'action de l'humidité et de quinze à dix-huit degrés de chaleur, s'ouvrir des fentes, dont les parois s'étaient couvertes, en moins d'un an, de cristaux bien caractérisés. Ce fait important qu'une molécule inerte, sans organisation vitale, ne pouvait expliquer, fut révoqué en doute, quoiqu'il jetât un grand jour sur les procédés chimiques et métallurgiques, et que l'industrie pût en tirer un parti si avantageux. Antérieurement, M. Schreiber, inspecteur-général au même corps, avait cru voir se former sur sa fenêtre de l'argent natif dans un morceau de minerai qui n'en présentait pas d'abord ; feu M. de Gallois, ingénieur en chef de première classe dans la même partie, croyait que la matière avait sentiment : le grand Monge pensait que les effets variés des fluides, dits impondérables, n'étaient que des manières différentes d'agir d'un même fluide. Je n'ai fait qu'ajouter quelques légers développemens tant aux idées de cet homme célèbre, qui sut si bien applanir les difficultés de la science, la faire aimer, chérir, qu'aux méditations de ces trois ingénieurs habiles, à qui l'art des mines doit de si utiles travaux. Une seule matière véritablement inerte, ne jouissant d'aucune propriété active, le fluide lumineux ; la matière organique usée, dont les organes en s'entrelaçant lui donnent de la cohésion, le fluide déjectif ; et l'organisation vitale répandue dans tout le reste, pourront suffire encore à l'explication des formations géologiques.

Les brèches, les grawacks, les poudings, les grès sont évidemment des roches arénacées ; mais les porphyres, les schistes, les calcaires dits primitifs, les granits même, ont-ils une autre origine ? Quand les grès les plus modernes sont veinés de filons cristallins ; quand nous voyons des concrétions, des cristaux se former journellement sous nos yeux, la structure cristalline annonce-t-elle toujours l'ancienneté de formation ? Nous ne connaissons du globe que l'épiderme, qui peut différer beaucoup de l'intérieur ; et les métamorphoses sont si complètes, que les roches qui nous paraissent les plus anciennes et qu'on a nommées primitives, pourraient bien n'être que des roches de sédiment, dont le temps aurait modifié la structure.

Nous, dont l'existence est si fugitive, ne devons employer, pour économiser ce temps précieux qui nous échappe, que les agens les plus actifs ; tandis que la nature, pour qui ce temps n'est rien, peut arriver à ses fins avec les agens les plus faibles.

Que dans un grès feldspathique très-fin, il y ait quelques fragmens épars plus gros que les autres, les grains les plus fins se grouperont autour d'eux, et l'on aura des cristaux de feldspath dans une pâte compacte ; ce qui constitue la structure porphyrique. Si le grès eût été quartzo-feldspathique, on aurait eu dans une pâte de ce genre des cristaux de feldspath et de quartz : ainsi le porphyre pourrait provenir d'une roche arénacée. Au bout d'un temps plus long, tous les ingrédiens de la pâte ayant obéi à l'instinct d'association, on conçoit que ce grès pourrait offrir une roche cristalline de feldspath et de quartz ; et si ce grès eût renfermé du mica, on voit qu'il aurait pu devenir successivement un philade, un schiste micacé, un véritable granit.

Au lieu d'un grès imaginons des bancs de coquilles. L'eau, qui finit par diviser les corps les plus durs, dissoudra bien certainement le tissu gélatineux organique où le sel calcaire est engagé. Les molécules de celui-ci, pouvant se mouvoir alors plus librement, remplaceront la gélatine. Si, dans les couches les plus inférieures, cette gélatine avait disparu entièrement, le calcaire d'une coquille pourrait se réunir, par des molécules calcaires errantes, à celui de sa voisine ; la structure coquillière disparaîtrait, et, suivant l'ancienneté du dépôt, on pourrait avoir des calcaires coquilliers, compactes, grenus, saccharoïdes.

Si parmi les coquilles il y avait des argiles siliceuses, alumineuses, ferrugineuses, magnésiennes, etc., ces calcaires seraient plus ou moins souillés de silice , d'alumine, d'oxide de fer, de magnésie, etc. ; et l'on pourrait avoir du fer hydraté, soit compacte, soit oolithique, soit en grain, soit en rognons, soit concrétionné, selon la manière dont les courans alimentaires et déjectifs s'établiraient.

Si au lieu de coquilles on avait eu des squelettes d'animaux, leur décomposition s'en serait faite comme celle des coquilles, et l'on aurait eu des os fossiles , de la chaux phosphatée compacte, grenue, cristalline, plus ou moins pure, selon l'état du dépôt.

Si des forêts sont enfouies parmi du sable alumino-quartzo-micacé, l'eau et la chaleur du globe décomposeront les végétaux ; la pression introduira les cailloux roulés dans les vides formés au milieu des troncs par la décomposition ; l'écorce seule, qui, peut-être, à cause du tannin résiste davantage à cette action destructive, se décomposera la dernière : les molécules simples ou mixtes de quartz, d'argile ou de mica pénétreront là où le sable n'a pu s'introduire ; si le travail est assez avancé, les écorces même seront pétrifiées, et l'on ne trouvera de passées à la houille que celles qui auront le plus résisté à la décomposition.

Selon la nature du dépôt dans lequel ces forêts auraient été enfouies, on aurait des bois pétrifiés siliceux, argileux, alumineux, micacés, talqueux, calcaires, etc. ; et suivant son ancienneté, les pétrifications seraient compactes, grenues, cristallines ; et l'organisation végétale pourrait même avoir entièrement disparu dans les plus anciens : mais cette organisation est encore si prononcée dans beaucoup de montagnes dites primitives, qu'elle frappe à l'instant toute personne étrangère à nos systèmes géologiques reçus.

Parmi ces roches de sédiment, on trouve des bancs fort étendus d'argile plus ou moins bitumineuse, qui n'est qu'une roche arénacée très-ténue, délayée par l'eau chargée de gélatine et des autres substances végétales et animales provenant de la décomposition des êtres terrestres et aquatiques. Cette argile déplacée par les cailloux roulés, les sables grossiers, ou les coquilles, arrivée à la surface du dépôt caillouteux, a pu former, par assises successives fort minces, des bancs très-épais. Les courans intérieurs de fluide lumineux et déjectif ont permis aux principes animaux et végétaux propres à former la houille de se rassembler, et l'on a eu un schiste alumineux imprégné de houille extrêmement divisée, ce qui a rendu ce schiste noir et luisant. Plus tard ces molécules de houille se sont réunies en veines, qui ont grossi successivement jusqu'à devenir des couches puissantes, l'argile déplaçant la houille et réciproquement. Voilà peut-être pourquoi l'on trouve ordinairement ce combustible entre deux couches de schiste bitumineux.

Selon que le travail est plus ou moins avancé, la houille renferme plus ou moins de schiste, est plus ou moins pure. Aussi pourrait-il bien se faire que les dernières couches de houille des dépôts récens, qui ne sont pas exploitables aujourd'hui avec bénéfice, le devinssent pour les générations futures.

Mais, si la houillification n'est pas encore achevée dans les dernières couches de houille du terrain de grès, elle pourrait l'être souvent trop dans les premières. La chaleur du globe à cette grande profondeur devait en chasser le bitume, et les faire passer à l'état d'antracite. Peut-être qu'en de certains endroits plus bas, dans le terrain dit primitif, cette antracite, exposée plus de temps encore à une chaleur et à une pression plus considérables, se cristallise et devient diamant. On sait que ce minéral est du carbone pur, et que sa gangue est primitive. Aussi ne doit-on pas désespérer d'obtenir un jour ce précieux minéral en soumettant, sans le contact de l'air, à une haute température et à une forte pression, de l'antracite et de la houille même.

Si toutes les roches, jusqu'à celles dites primitives, dont l'ensemble constitue cette épiderme fort mince du globe, ne sont que des roches arénacées, les dépôts ont dû s'en faire à peu près horizontalement. Les coquilles plus légères que les cailloux roulés, déplacées par ceux-ci, ont dû gagner la surface; aussi ne voit-on pas de calcaire coquillier compacte entre des grès d'une même formation; il est toujours dessus : ce qui ne veut pas dire qu'on ne puisse trouver du calcaire dessous, mais seulement que, bien plus ancien, il sera plus élaboré; et quoique ce calcaire inférieur pût être aussi le dernier dépôt d'une catastrophe analogue à celle dont le dernier grès provient, parce que cette catastrophe est bien antérieure à l'autre, ce calcaire ne pourrait avoir le même aspect.

Mais, comment des couches formées horizontalement au fond des mers, ce que la présence des coquilles atteste, occupent-elles maintenant, sous des pentes presque verticales, les sommets de montagnes très-élevées? Il faut bien qu'elles se soient redressées, soit lentement, soit brusquement. Ce genre de redressement aura occasionné des fentes, des déchiremens, s'il est survenu après la solidification du sol; l'autre, de grandes ondulations de terrain presqu'exemptes de fissures : car la dureté, la tenacité sont relatives aux forces employées pour en triompher, et, pour celles que la nature développe, les roches les plus dures et les plus tenaces sont molles et fort peu cohérentes.

La force centrifuge, si énergique sous la zone torride et dans la partie des zones tempérées qui l'avoisinent, pourrait être une des causes de ce redressement lent, qui aurait, dans ces contrées, formé les chaînes à peu près parallèles à l'équateur; et ne conviendrait-il pas d'attribuer aux volcans qui soulèvent la croûte du globe et la percent en différens points, la formation de la plupart des autres chaînes connues? Peut-être n'en existe-t-il pas une où l'on

3

n'en trouve des traces. Celles où l'on n'en voit plus de fumans en offrent d'éteints; et, parce que les matières volcaniques remaniées par les eaux perdent tous les caractères qui décèlent leur origine ignée, il est possible qu'il y en ait eu de fumans dans les montagnes mêmes où il n'en reste plus le moindre indice. D'ailleurs, l'éruption n'est pas indispensable; le soulèvement du sol suffit à la formation des chaînes, et ce soulèvement peut être dû à l'incandescence déjà expliquée de l'intérieur du globe: immense foyer dont les cratères ne seraient que les cheminées ouvertes par le dégagement des gaz. Enfin ce redressement était nécessaire; car sans lui eussions-nous jamais tiré parti des substances précieuses que renferme le globe, puisqu'elles nous auraient été cachées?

Le terrain houiller comprend les grawacks, les grès et les calcaires qui les recouvrent : le terrain, dit primitif, n'est peut-être qu'un terrain houiller plus ancien que le premier, et devant son origine à un autre terrain de sédiment antérieur encore ; nous ignorons jusqu'où cela nous conduirait. Quoi qu'il en soit, en redressant les couches, les volcans pouvaient fracturer le dépôt de grès où l'on trouve aujourd'hui la houille, le tourmenter, et faire saillir en diverses directions, sur différens points de sa surface, des arêtes, dites primitives, partageant la formation houillère en différens bassins isolés, qui semblent, sous beaucoup de rapports, tout-à-fait indépendans les uns des autres, mais qui pourraient bien n'être que des lambeaux épars d'une vaste formation ayant enceint jadis la plus grande partie du globe. Si ces grès ne paraissent pas avoir partout le même aspect, c'est que partout n'existent pas les mêmes étages de cette formation épaisse; mais partout les élémens constitutifs sont les mêmes.

Un corps est d'autant plus chaud qu'il absorbe plus de lumière, et il en absorbe d'autant plus qu'il est plus ténu;

le labourage, en ameublissant la terre, la rendant par là plus susceptible d'absorber les fluides lumineux et prolifiques, ajoute donc à sa chaleur et à sa fertilité : plus on fait de récoltes sur un champ, plus on y multiplie la production d'êtres absorbant les fluides solaires, plus donc il se répand de ces fluides sur la même surface, et plus la température de celle-ci s'élève ; plus la population augmente, plus la production d'êtres éminemment absorbans augmente aussi, et plus alors il y a de chaleur produite ; plus cette population développe d'activité, plus elle consomme ; plus il y a d'absorption, et par elle-même et par les végétaux et les animaux nécessaires à ses besoins, plus aussi il y a de chaleur produite. Or, cette plus grande activité ne consistât-elle qu'en locomobilité de notre part, vu que des courans de fluides solaires sont réfléchis dans tous les sens, qu'on ne peut se mouvoir alors sans marcher en sens contraire d'eux, sans exciter par là dans ce sens l'énergie absorbante, sans attirer, par suite, plus de fluide lumineux sur ce lieu ; on voit qu'avec l'accumulation d'une population plus active la température du lieu s'élève : donc, en augmentant la population et son activité, on peut adoucir le climat le plus rigoureux, ce qu'au reste l'expérience prouve.

Mais nos dissensions, nos révolutions, nos guerres augmentent encore cette activité vitale, principale source de la chaleur ; les passions humaines exercent donc quelqu'influence, et sur le climat, et sur l'atmosphère, et par conséquent sur les récoltes, sur de simples produits matériels, qui réagissent eux-mêmes sur nos facultés intellectuelles. Tout s'enchaîne dans la nature ! Où s'arrête le physique ? Où commence le moral ? Qui osera tirer entr'eux une ligne de démarcation ?

En voyant tomber une pomme, Newton pouvait tout aussi bien dire qu'elle était *poussée* vers la terre qu'*attirée* par elle ; mais les sciences n'eussent rien retiré du premier adjectif, tandis qu'avec le second tout fut expliqué, ou sur le point de l'être : aussi le mot *attraction* est-il de la part de ce grand homme un trait de génie. Mais une matière *inerte*, *passive* et pourtant *attractive* ; des fluides non pesans, *matières impondérables par elles-mêmes*, sont des non-sens capables d'arrêter nos progrès dans les sciences. On les fait disparaître, en remontant à la cause de l'attraction, et en supposant la molécule minérale organisée vivante, se nourrissant comme les individus des deux autre règnes ; ce qui met plus d'unité dans le système des êtres. Parce que cette molécule absorbe, assimile et rejette, l'attraction moléculaire et planétaire peut résulter de la première de ces fonctions, la croissance des planettes, des êtres de la seconde, et l'attraction solaire de la troisième. Indestructible pour nous, il n'y avait aucun inconvénient à supposer cette molécule impérissable, quoiqu'elle puisse fort bien l'être. La lumière et les germes sexuels devant émaner du soleil, on a cru trouver, dans les déjections planétaires remaniées par cet astre et formant sa substance alimentaire, la source intarissable de cette émission continuelle de fluides lumineux et prolifiques, aux mêmes substances alimentaires des planettes et de leurs satellites. Enfin l'origine solaire, mais toute simple et sans chocs violens de ces derniers corps, nous a paru moins forcée que celles admises.

Si nous n'étions pas destinés à n'arriver à la vérité que par une suite d'erreurs sans cesse décroissantes, que ce système en fût moins entaché que les autres, tous les travaux de la nature ne seraient dus qu'à une seule fonction, la nutrition ; il n'y aurait que trois sortes de corps célestes, les soleils, les planettes et leurs satellites ; que trois fluides, le lumineux, le prolifique et le déjectif ; sur chaque globe, que trois classes d'êtres, les minéraux, les

végétaux, les animaux ; sur le nôtre, que trois grands réser-
voirs d'animaux proprement dits, l'air, l'eau, la terre ;
que trois états de corps, solide, liquide, gazeux ; que trois
époques dans l'existence, naître, vivre, mourir ; que trois
fonctions vitales, absorber, assimiler, rejeter ; que trois
sortes de mouvemens tant au figuré qu'au propre, avan-
cer, rester en place, reculer ; et dans les mêmes circonstances que trois positions, au-dessus, au niveau, dessous ;
que trois opérations dans l'entendement, attention, com-
paraison, jugement ; que trois parties dans un raisonne-
ment en forme, hypothèse, discussion, conséquence ; que
trois divisions dans un discours, préparation, exposition,
conclusion ; que trois choses indispensables en industrie,
matières, capitaux, intelligence ; que trois résultats four-
nis par elle, profit, balance, perte ; et, de même qu'il
n'y a que trois fluides lumineux colorés, le rouge, le
jaune, le bleu ; que trois genres de fluide prolifique, germes minéraux, végétaux, animaux ; qu'alors trois genres
de déjections, minérales, végétales, animales ; que trois
intervalles en musique, le dièse, le ton, le bémol ; que
trois saveurs principales, l'amère, l'acide, la sucrée ; il
n'y aurait aussi que trois odeurs primitives, et, par suite,
que trois organisations moléculaires vraiment différentes :
ce qui nous ramènerait au système ternaire déjà connu
par sentiment des anciens, et justifierait assez l'épigraphe
mise à cette brochure : *La nature est simple et féconde !*

RODEZ, DE L'IMPRIMERIE DE P.-V. CARRÈRE. -- 1830.

www.ingramcontent.com/pod-product-compliance
Lightning Source LLC
Chambersburg PA
CBHW060504210326
41520CB00015B/4086